Gisa-Sabrina Jensen

Stadtmarketing - Aufgaben, Ziele, Möglichkeiten

GRIN Verlag

Bibliografische Information der Deutschen Nationalbibliothek:

Die Deutsche Bibliothek verzeichnet diese Publikation in der Deutschen National-
bibliografie; detaillierte bibliografische Daten sind im Internet über http://dnb.d-
nb.de/ abrufbar.

Impressum:

Copyright © 2004 GRIN Verlag GmbH
Druck und Bindung: Books on Demand GmbH, Norderstedt Germany
ISBN: 978-3-640-38664-2

Dieses Buch bei GRIN:

http://www.grin.com/de/e-book/65439/stadtmarketing-aufgaben-ziele-moeglich-
keiten

Universität Trier

Fachbereich VI – Geographie/Geowissenschaften

Oberseminar: Wirtschaftsförderung WS 2004/2005

Stadtmarketing

Gisa-Sabrina Jensen

7. Semester

Inhaltsverzeichnis

1. Einleitung

Um ein Stadtmarketingkonzept entwickeln zu können muss man sich zunächst mit den Zielmärkten (Besucher, Bewohner und Arbeitnehmer, Industrie und Wirtschaft und Exportmarkte) und mit den verschiedenen Möglichkeiten, wie Standortanbieter ihren Standort vermarkten können (Infrastrukturmarketing, Attraktionsmarketing, Imagemarketing)auseinandersetzen.

Am Beispiel Bad Kreuznach wird solch ein Stadtmarketingkonzept vorgestellt. Es setzt sich aus den drei Teilen Infrastrukturmarketing, Attraktionsmarketing und Imagemarketing zusammen.

2. Definitionen
2.1 Marketing

Marketing wird definiert als „Planung, Koordination und Kontrolle aller auf die aktuellen und potentiellen Märkte ausgerichteten Unternehmensaktivitäten. Durch eine dauerhafte Befriedigung der Kundenbedürfnisse sollen die Unternehmensziele im gesamtwirtschaftlichen Güterversorgungsprozess verwirklicht werden." (AREND u. WOLF 1994, S. 3)

2.2 Stadtmarketing

„Stadtmarketing wird ... verstanden als kooperative Stadtentwicklung mit dem Ziel, eine Stadt und ihre Angebote und Leistungen für Bürger, Wirtschaft und Besucher aufzuwerten." (GRABOW u. HOLLBACH-GRÖMIG 1998 , in: HEINEBERG 2001, S. 241)

„Stadtmarketing beabsichtigt, die Meinungen, Einstellungen und Verhaltensweisen externer und interner Zielgruppen durch ein geeignetes Maßnahmenbündel zu beeinflussen, um die einzelnen Anspruchsgruppen zur Vornahme bestimmter Austauschbeziehungen zu veranlassen." (AREND u. WOLF 1994, S. 5)

3. Die Aufgabe des Stadtmarketings

Die Aufgabe des Stadtmarketing ist es, Städte darin zu bestärken, sich Veränderungen anzupassen, Chancen zu ergreifen und ihre Vitalität zu erhalten, denn Veränderungen erfolgen schneller als die Fähigkeit auf diese zu reagieren. Deshalb benötigt man ein strategisches Stadtmarketing zur Revitalisierung der Städte. Strategisches Marketing setzt Planung voraus, um die Bedürfnisse der Bevölkerung in der Stadt und weitere Zielgruppen befriedigen zu können. Stadtmarketing ist dann erfolgreich, wenn alle Teilnehmer – Bürger, Arbeitnehmer und Firmen – aus ihrer Gemeinde Befriedigung schöpfen und wenn die Erwartungen von Besuchern, neuen Firmen und Investoren erfüllt werden.

Das Stadtmarketing umfasst vier Aktivitäten. Erstens die Planung der richtigen Mischung der kommunalen Besonderheiten und Dienstleistungen, zweitens attraktive Anreize für existierende und potentielle Käufer und die Benutzer ihrer Waren und Dienstleistungen schaffen und anbieten, drittens eine effiziente und leicht zugängliche Lieferung der Produkte und Dienstleistungen gewähren und viertens eine Imageaufbesserung, um die Qualitäten und Werte der Stadt zu betonen. Die wichtigsten Elemente des strategischen Stadtmarketings lassen sich wie folgt darstellen. Zunächst erfolgt die Ernennung einer Planungsgruppe aus Bürgern, Geschäftsleuten, lokalen und regionalen Politikern. Somit ist die Wichtigkeit der Zusammenarbeit zwischen dem öffentlichem und dem privatem Sektor und der Notwendigkeit, alle Beteiligten in die Gestaltung der Zukunft der Stadt einzubeziehen, gegeben. Die Aufgabe einer Planungsgruppe ist es die Bedingungen, die wichtigsten Probleme und Problemursachen einer Stadt zu diagnostizieren und zu definieren. Sie muss eine Vision zur langfristigen Lösung der Probleme entwickeln, die auf einer realistischen Einschätzung der Werte, Ressourcen und Möglichkeiten dieser Stadt beruht und einen langfristigen Aktionsplan erstellen, der verschiedene Zwischenschritte der Investition und der Transformation enthält. Auf der zweiten Ebene erfolgt die Verbesserung der vier wichtigen Marketingfaktoren. Erstens sollten grundlegende Dienstleistungen garantiert werden können und die Infrastruktur sollte den Bedürfnissen der Bürger, Betriebe und Besucher angepasst werden.

Zweitens müssen neue Attraktionen geschaffen werden, um die Lebensqualität zu erhöhen und damit Unternehmen am Ort zu halten und neue Investitionen, Betriebe oder Bewohner anzuziehen. Drittens muss die Stadt ihre spezifischen Vorteile und ihre Lebensqualität durch aussagefähige Image- und Kommunikationsprogramme bekannt machen und viertens muss die Stadt die Unterstützung der Bürger, Politiker und Institutionen gewinnen, denn nur eine gastfreundliche und enthusiastische Stadt kann neue Unternehmen, Investitionen und Besucher anziehen.

Die vier Marketingfaktoren wirken sich auf den Erfolg der Stadt bei der Anlockung der fünf potentiellen Zielmärkte aus. Die Zielmärkte sind Hersteller von Waren und Dienstleistungen, Unternehmenshauptsitze und Regionalniederlassungen, Investoren und Exportmärkte, Tourismus und Gastronomie und neue Bewohner (siehe Abb. 1, Anhang)

Das Potential einer Stadt wird weniger durch ihre geographische Lage, das Klima oder ihre natürlichen Ressourcen bestimmt als durch menschlichen Willen, Fähigkeiten, Energien, Werte und Organisationen. Damit eine Stadt erfolgreich wird, muss sie die folgenden Aufgaben erfüllen:

1. analysieren, was im breiten Umfeld geschieht
2. die Bedürfnisse, Wünsche und das Verhalten seiner Zielgruppen verstehen
3. eine realistische Zukunftsvision entwerfen
4. einen Handlungsplan erarbeiten, der diese Vision realisiert
5. in jeder Phase den bereits erzielten Fortschritt auswerten
   (vgl. KOTLER, HAIDER,REIN 1998, S. 33 ff.)

4. Die Vermarktung von Städten

Stadtmarketing gehört mittlerweile zu den führenden wirtschaftlichen Aktivitäten und ist in einigen Fällen der dominierende Motor für das Wohlergehen einer Stadt (vgl. KOTLER, S. 39). Die Organisation von Programmen zur Entwicklung und Vermarktung einer Stadt erfordert gründliche Kenntnisse und ein umfassendes Verständnis der Zielmärkte (vgl. KOTLER, HAIDER, REIN 1998, S. 40).

4.1 Die wichtigsten Zielmärkte des Stadtmarketing (siehe Abb. 2, Anhang)
4.1.1 Allgemein

Beim Stadtmarketing wird zwischen drei Zielgruppen unterschieden. Zum einen Privatleute und Unternehmen, die für die Stadt wertvoll sind und auf die sich das Stadtmarketing hauptsächlich richtet, dann Privatleute und Unternehmen, die zwar nicht die Zielgruppe darstellen, aber dennoch von Interesse sein könnten und Privatleute und Unternehmen, die weniger wünschenswert sind und auf deren Zuzug verzichtet werden könnte. Dazu zählen z.B. Spieler, Drogenhändler, ehemalige Strafgefangene, Prostituierte und unseriöse Unternehmen. Doch auch diese, z.B. Spieler, könnte für Standorte wie z.B. Las Vegas von Bedeutung sein.

Die wichtigsten großen Zielmärkte für eine Stadt sind Besucher, Bewohner und Arbeitnehmer, Handel und Industrie und Exportmärkte (vgl. KOTLER, HAIDER, REIN 1998, S. 40 f.).

4.1.2 Besucher

Dieser Markt setzt sich aus Geschäftsleuten und Privatbesuchern zusammen. Geschäftsleute besuchen eine Stadt, um Geschäfts- oder Tagungstermine wahrzunehmen, eine Betriebsstätte zu besichtigen, um etwas zu kaufen oder zu verkaufen. Private Besucher sind Touristen, die den Ort besichtigen, oder Reisende, die Freunde oder Familienangehörige besuchen wollen.

Jeder Besucher gibt Geld für Essen, Übernachtung, den Kauf einheimischer Produkte und anderer Waren und Dienstleistungen aus. Diese Ausgaben haben einen Multiplikatoreffekt auf Einkommen, die Beschäftigungssituation und die gewerblichen Steuereinnahmen. Je größer die Anzahl der Besucher und je geringer die Aufwendungen zur Bereitstellung der entsprechenden Dienstleistungen pro Besucher sind, desto größer ist das Nettoeinkommen der Stadt. Oder je länger der Aufenthalt der Besucher andauert, desto höher sind ihre Ausgaben. Daraus lässt sich folgern, dass die Stadt seine Marketingbemühungen eher auf diejenigen Besucher richtet, deren Aufwendung pro Tag am höchsten und deren Aufenthalt am längsten ist.

Viele Städte eröffnen Fremdenverkehrsämter und Tagungsbüros zur gezielten Anwerbung ihrer Besucher. In Großstädten sind dies meist eigene Organisationen, die miteinander um öffentliche Mittel konkurrieren.

Fremdenverkehrsämter müssen entscheiden, wie ihre verfügbaren Mittel auf die konkurrierenden Urlaubsziele innerhalb ihres Zuständigkeitsbereichs verteilt werden sollen. Weiterhin ist zu überlegen, ob der große Markt von Kurzzeittouristen, die weniger Einnahmen versprechen, oder der kleinere Markt der Langzeittouristen, durch die größere Einnahmen erzielt werden, angesprochen werden und wie viel in Werbemaßnahmen für Touristen aus der eigenen Region gegenüber den Touristen aus anderen Teilen des Landes oder dem Ausland investiert werden soll. Die Kongressveranstalter müssen bei der Mittelverwendung bedenken, wie viel jeweils für die Verbesserung ihrer Tagungs- und Kongresszentren und wie viel für die Werbung für diese Einrichtungen bei speziellen Industriebranchen, Wirtschaftsunternehmern und Wirtschaftsverbänden aufgewendet werden soll.

Entscheidend ist, dass zur Förderung des Tourismus Zielsetzungen und Strategien entworfen werden und nicht aufs Geratewohl geplant wird. Sobald sich eine Stadt für eine Besucherkategorie mit einem bestimmten Volumen entschieden hat, kann der Bau der entsprechenden Infrastruktureinrichtungen und anderen Einrichtungen in Angriff genommen werden.

Dazu müssen die Erwartungen der Besucher an die verschiedenen Reiseziele und Ferienorte gründlich untersucht werden (vgl. KOTLER, HAIDER, REIN 1998, S. 43 ff.).

4.1.3 Bewohner und Arbeitnehmer

Für manche Städte kann es sinnvoll sein, die Zahl seiner ungelernten Arbeitskräfte zu vergrößern. Andere Städte sind mit einer alternden Bevölkerung bemüht, den Anteil der jungen Bevölkerung zu erhalten oder zu vergrößern.

Andererseits sind manche Städte so attraktiv, dass sie den Strom an Zuwanderern kaum bewältigen und mangels adäquater Einrichtungen nicht unterbringen können. Manche Städte lancieren Nullwachstums- oder „Demarketing"-Programme, um den Bevölkerungszuwachs zu stoppen. Es gibt bereits Städte, die mit gezielten Negativkampagnen die weitere Zuwanderung verhindern wollen.

Um spezifische Bevölkerungs- oder Arbeitnehmergruppen anzuziehen, muss eine Stadt geeignete Anreize schaffen. Für junge Familien könnte z.B. die Qualität der Schulen oder die öffentliche Sicherheit ausschlaggebend sein, wohingegen bei älteren Haushalten eher kulturelle Vorzüge und Erholungsmöglichkeiten im Vordergrund stehen (vgl. KOTLER, HAIDER, REIN 1998, S. 45 f.).

4.1.4 Wirtschaft und Industrie

Städte versuchen neue Betriebe und Wirtschaftsbranchen anzuziehen, um damit Arbeitsplätze für seine Bürger zu schaffen und Einnahmen für seine Haushaltskasse zu erzielen.

Städte müssen bestimmte Kriterien erfüllen, die für ein Unternehmen entscheidend sind. Firmen bewerten eine Stadt nach ihrem wirtschaftlichen Klima und den gesetzlichen Bestimmungen, d.h. nach der Qualität der Arbeitskräfte, der Infrastruktur wie z.B. die Nähe und Erreichbarkeit des Flughafens, nach den Verkehrs- und Transportbedingungen, der Qualität des Schulsystems und anderen Bildungsinstitutionen und nach der Lebensqualität. Außerdem spielen für Wirtschaftsunternehmen auch besondere Anreize wie Steuervergünstigungen, billige Grundstückspreise, Infrastruktursubventionen und Zuschüsse für Schulungseinrichtungen eine bedeutende Rolle.

Eine Stadt hat vier Möglichkeiten, sein wirtschaftliches Fundament zu erhalten und zu stärken. Erstens müssen bereits vorhandene Branchen und Unternehmen erhalten bleiben. Zweitens muss eine Stadt sich um Pläne und Hilfestellungen bemühen, die es den ansässigen Betrieben erleichtert zu expandieren. So können durch den größeren Radius der Absatzmärkte zusätzliche Einnahmen und Arbeitsplätze innerhalb der lokalen Wirtschaft geschaffen werden. Drittens müssen Städte die Startbedingungen für Unternehmensgründungen erleichtern. Es müssen leistungsfähige Agenturen zur Beratung und Schulung von Kleinunternehmen gegründet und ansässige Banken ermutigt werden, Kredite für Unternehmensgründungen zu günstigen Bedingungen zu vergeben. Es ist wichtig Eigenkapitalanlagen zu fördern, Kontakte zwischen Investoren und Unternehmern zu knüpfen, die Errichtung von Forschungszentren voranzutreiben, öffentliche Aufträge sichern zu helfen und Anreize für Firmengründungen bereitzustellen. Und viertens kann eine Stadt aggressiv um auswärtige Unternehmen oder deren Betriebsanlagen werben. Fast alle Staaten haben ein Amt für Wirtschaftsförderung oder eine Non-profit-Gesellschaft, deren Aufgabe es ist, auswärtige Unternehmen ausfindig zu machen und sie zu Investitionen zu ermutigen.

Die Städte müssen sich den besten Mix der vier Strategien zum industriellen Aufbau auswählen und die Art und Mischung der für sie interessanten Branchen definieren. Es muss entschieden werden, ob eine diversifizierte Wirtschaft aufgebaut oder eine Konzentration auf wenige spezialisierte Branchen erfolgen soll (vgl. KOTLER, HAIDER, REIN 1998, S. 46 ff.).

4.1.5 Exportmärkte

Export bedeutet für eine Stadt, die Fähigkeit diejenigen Waren und Dienstleistungen zu produzieren, die andere Regionen, Standorte, Menschen und Unternehmen erwerben möchten. Städte, Staaten und Nationen müssen Güter, die sie benötigen importieren. Sie sind daher gezwungen, Waren und Dienstleistungen auch für den Export zu produzieren und bereitzustellen. Jede Stadt muss ihre ansässigen Firmen dazu ermuntern, ihre Produkte nicht nur lokal, sondern auch auf den einheimischen und internationalen Märkten anzubieten.

Einige Städte konnten z.B. starke Markennamen und ein aussagekräftiges Markenimage für ihre Produkte und Dienstleistungen etablieren. Z.B. ist Italien für seine hochwertigen Modeartikel bekannt, auf dem Etikett steht „Made in Japan". Dies führt dazu, dass die Konsumenten auch Vertrauen in japanische Automobile und Unterhaltungselektronik haben.

Der Export kann durch staatliche Exportorganisationen auf verschiedene Weise gefördert werden, z.B. durch Zuschüsse an ansässige Betriebe oder besondere Versicherungen zur Reduzierung des Unternehmensrisikos. Weiterhin können Schulungsprogramme finanziert und technische Hilfe bereitgestellt werden, um die Firmen mit den Exportbedingungen vertraut zu machen. Durch PR-Maßnahmen kann das Image der Stadt in den Zielexportmärkten verbessert werden. Die staatlichen Exportorganisationen können die einheimischen Produkte auf Handelsmessen im Ausland vorstellen, zur Unterstützung ihrer lokalen Branchen Auslandsbüros eröffnen und lokale Führungskräfte auf Handelsmissionen ins Ausland begleiten, um Kontakte zu knüpfen und Aufträge hereinzuholen (vgl. KOTLER, HAIDER, REIN 1998, S. 52 f.).

4.2 Möglichkeiten, wie Anbieter ihre Stadt vermarkten können

Städte wenden, zum Auf- und Ausbau ihrer Stadt vier umfassende Strategien an, um Besucher, Bewohner und Unternehmen anzuziehen (vgl. KOTLER, HAIDER, REIN 1998, S. 53).

4.2.1 Imagemarketing

Für eine Imagestrategie wird über ein Werbeagentur oder PR-Firma ein starkes positives Bild der betreffenden Stadt identifiziert, entwickelt und verbreitet. Dies ist meist die preiswerteste Strategie, da keine Gelder in die Bereitstellung zusätzlicher Attraktionen oder für die Verbesserung der Infrastruktur investiert werden müssen, sondern lediglich etwas über die Eigenschaften des Stadt an andere weitergegeben wird.

Ein Image lässt sich nur schwer entwickeln und ist ebenso schwer zu ändern. Hierfür ist eine Analyse darüber erforderlich, wie die Einwohner und Besucher die Stadt wahrnehmen, wobei die tatsächlichen wie die fiktiven Elemente sowie die Schwächen und Stärken identifiziert werden müssen. Inspiration ist dafür notwendig und die Konzentration auf eines oder mehrere miteinander konkurrierender Bilder. Aus Tausenden von Möglichkeiten muss eine Wahl getroffen werden, so dass die Bewohner, die Geschäftswelt und andere dieses gemeinsame Bild ausstrahlen. Weiterhin ist ein beträchtlicher finanzieller Aufwand für die Imageverbreitung erforderlich (vgl. KOTLER, HAIDER, REIN 1998, S. 55 ff.).

4.2.2 Attraktionsmarketing

Imageaufbesserung allein reicht jedoch nicht aus, um das Wohlergehen einer Stadt zu sichern. Eine Stadt muss spezifische Eigenschaften aufweisen, um ihre Bewohner zufrieden stellen und Besucher anlocken zu können. Manche Städte sind in der glücklichen Lage, natürliche Sehenswürdigkeiten zu besitzen, wie z.B. Aspen mit seiner Gebirgskette oder Hawaii mit seinem immerwährenden sommerlichen Klima. Andere Städte profitieren von ihrem erinnerungswürdigen Erbe oder von historischen Bauten wie z.B. Athen mit dem Parthenon. Wieder andere Städte haben architektonische Sehenswürdigkeiten von Weltruhm wie z.B. den Eifelturm und den Arc de Triomphe in Paris und das Empire State Building in New York.

Der Anziehungskraft eines Ortes ganz besonders zuträglich sind Flüsse, Seen oder das Meer. Fast alle an Wasserstraßen gelegenen Städte bauen heute ihre See- und Flussufer für den Fremdenverkehr oder als Erholungsgebiete aus. Viele Städte bemühen sich auch um neue Sehenswürdigkeiten. Z.B. der Bau von Stadien, der Bau von gigantischen Tagungszentren, der Stadtkern als Ladengalerie, am Wasser gelegene Festplätze, Aufsehen erregende Skulpturen, Museen oder Vergnügungs- parks und große Einkaufsstraßen.

die Realisierung solcher Projekte ist kostspielig und geschieht häufig eher aus Ratlosigkeit als aufgrund bewusster Überlegungen. Ein Beispiel dafür ist die Stadionmanie/der Bau von Sportstadien, von der/dem mindestens zwei Dutzend

Städte in den USA befallen sind. Probleme die auftreten sind z.B. Überkapazität oder das Ausgehen von Mitteln, noch ehe das Stadion fertig gestellt ist (vgl. KOTLER, HAIDER, REIN 1998, S. 58 f.).

4.2.3 Infrastrukturmarketing

Weder Imagemarketing noch Attraktionsmarketing sind die volle Antwort auf das Problem der Entwicklung einer Stadt, denn beide können bestehende Defizite weder kompensieren noch verstecken. Deshalb ist der Aufbau der Infrastruktur von Bedeutung. Bürger, Besucher und Betriebe wollen mobil sein, statt im Stau zu stehen. Sie wollen ausreichende und preiswerte Energie statt Stromausfälle. Sie erwarten von den Schulen qualifizierten Unterricht und gut ausgebildete Schüler statt steigende Lese- und Schreibschwächen und vorzeitige Schulabgänger. Eine Stadt muss garantieren, dass ihre Bürger sich sicher und ohne Angst um ihr Leben in der Öffentlichkeit bewegen können. Wasser muss trinkbar sein, die Bauvorschriften müssen eingehalten, für Erholungsgebiete gesorgt und gute Hotels und Restaurants zur Verfügung gestellt werden (vgl. KOTLER, HAIDER, REIN 1998, S. 59).

4.2.4 Werbung für die einheimische Bevölkerung

Die vierte Marketingstrategie bezieht sich auf die Menschen, die in einer Stadt leben. Die Strategie kann verschiedene Formen annehmen. Beispielsweise wirbt South Carolina mit der Freundlichkeit und Bodenständigkeit seiner Bewohner, um auf diese Weise Rentner aus den Nordstaaten zum Umzug zu bewegen. Texas stellt die Professionalität seiner Arbeitskräfte in den Vordergrund, um Wissenschaft und Forschung anzuziehen.

Andere wiederum leiden unter dem entgegengesetzten Problem, nämlich dem schlechten Ruf, der seinen Bewohnern anhaftet. Z.B. der typische New Yorker gilt als rücksichtslos, grob, wenig hilfsbereit und unfreundlich.

Bei der Auswahl der Zielmärkte muss berücksichtigt werden, wie die Bewohner einer Stadt wahrgenommen werden, denn deren Image hat Auswirkungen auf das Interesse der potentiellen Zielmärkte. Aus diesem Grund sollten Städte ihre Bürger zu rücksichtsvollem und freundlichem Verhalten gegenüber Besuchern und Zugezogenen motivieren. Beruflich qualifizierte und gut ausgebildete Bürger tragen zudem dazu bei, dass ihre Stadt die Bedürfnisse der Zielmärkte befriedigen kann (vgl. KOTLER, HAIDER, REIN 1998, S. 61).

4.2.5 Die Wahl der Strategien für eine Stadt

Wenn ein Stadt die Wahl hätte, würde sie zuerst die Infrastruktur aufbauen, dann einige Attraktionen hinzufügen, ihre Bürger zu Freundlichkeit und beruflicher Qualifikation ermutigen und schließlich für die Verbreitung dieses Images sorgen. Wenn es jedoch um Infrastruktur und Finanzen schlecht bestellt ist, sind auch keine Mittel zur Verbesserung dieser Infrastruktur oder zum Bau von Attraktionen verfügbar. Die Folge ist, dass eine Stadt aufgrund ihrer begrenzten Mittel zunächst an ihrem Image arbeitet und möglicherweise ihre Bewohner zu mehr Freundlichkeit anregt (vgl. KOTLER, HAIDER, REIN 1998, S. 61 f.).

4.3 Die größten Anbieter (siehe Abb. 3, Anhang)

Einzelpersonen und Organisationen auf lokaler, regionaler und nationaler Ebene sind die Anbieter von Standorten. Im Folgenden werden die zwei größten Anbieter dargestellt (vgl. KOTLER, HAIDER, REIN 1998, S. 62).

4.3.1 Anbieter aus dem öffentlichen Sektor

Die Verantwortung für das Stadtmarketing liegt beim Bürgermeister der Stadt, der Stadtverwaltung, den Bezirksabgeordneten und anderen führenden Organisationen des öffentlichen Sektors. Es wird ein Planungsreferat oder eine Wirtschaftsförderungsagentur eingerichtet, um Strategien und Pläne für das Stadtmarketing zu entwickeln. Diese Organisationen wirkend entscheidend an dem Tourismus-, Industrie- und Exportmix mit, den es auf- und auszubauen gilt. In Zusammenarbeit mit den Repräsentanten der Öffentlichkeit entwickeln und implementieren sie Pläne zum Transportwesen, zur Ausbildung, Freizeit und Erholung. Häufig verbessert sich auch die Lage einer Stadt, wenn der richtige Bürgermeister im Amt ist. Fähige Bürgermeister haben Visionen oder inspirieren zu

Visionen, ernennen kompetente Führungskräfte für die betreffenden Organisationen und schaffen es, die lebenswichtige Unterstützung vieler Akteure des privaten Sektors zu gewinnen (vgl. KOTLER, HAIDER, REIN 1998, S. 62 f.).

4.3.2 Anbieter aus dem privaten Sektor

Beispielsweise haben Menschen aus der Immobilienbranche ein starkes Interesse an der wirtschaftlichen Situation und spielen eine entscheidende Rolle bei der Unterstützung positiver Aktionen. Entsprechend sind Hotels und Restaurants zusammen mit Einzelhändlern und anderen Geschäftsleuten über die jeweiligen Handelskammern und Berufsverbände beteiligt. Auch Finanzinstitute sind stark daran interessiert, denn ihre Mittel und ihr Vertrauen sind notwendig, um die Planung und Durchsetzung der Marketingpläne zu unterstützen (vgl. KOTLER, HAIDER, REIN 1998, S. 63).

Die Hauptaufgabe besteht darin, eine zusammenhängende Arbeitsgruppe zu etablieren, die alle öffentlichen und privaten Interessengruppen umfasst und gemeinsam über Ziele und Mittel entscheidet (vgl. KOTLER, HAIDER, REIN 1998, S. 63).

5. Ansätze zur Stadtentwicklung

5.1 Stadtgestaltung

Die Experten der Stadtgestaltung haben das Ziel, für die Menschen, die in ihrer Gemeinde leben und arbeiten, ein lebenswertes Umfeld zu schaffen. Sie legen Wert auf die gestalterischen Qualitäten einer Stadt (Architektur, freie Flächen, Straßengestaltung, Verkehrsfluss, Sauberkeit und Umweltfreundlichkeit), auf das Schulsystem, funktionierende Stadtviertel, Erhöhung der öffentlichen Sicherheit, adäquate medizinische Versorgung etc.

Durch die Stadtgestaltung kann zwar das räumlich-bauliche Umfeld einer Stadt verbessert werden, jedoch reicht die Stadtgestaltung nicht aus, um die Attraktivität und die Lebensqualität einer Stadt zu verbessern. Erstens fehlen unter Umständen die für Investitionen notwendigen Ressourcen, zweitens würde es Rivalitäten zwischen den einzelnen Stadtvierteln und Organisationen darüber geben, wem die Mittel zur Stadterneuerung zustehen. Drittens leidet dieser Ansatz daran, dass von innen nach außen und nicht von außen nach innen gedacht wird, d.h. die Turbulenzen im Kontext der entstehenden Weltwirtschaft werden völlig außer acht gelassen. Es fehlt der systematische Versuch, herauszufinden, wie die Stadt erfolgreich im metropolitanen, regionalen, nationalen oder selbst globalen Gefüge bestehen kann.

Nachteilig hieran ist, dass die Stadtgestalter zu einer „Innen-nach-Außen-Perspektive" tendieren. Ihre Arbeit zielt darauf, eine Stadt lebenswerter und attraktiver zu gestalten, aber sie versäumen dabei, in größeren Zusammenhängen zu denken, die für das wirtschaftliche Überleben unabdingbar sind (vgl. KOTLER, HAIDER, REIN 1998, S. 99 ff.).

5.2 Die strategische Marktplanung

Strategische Marktplanung basiert zunächst auf der Annahme, dass die Zukunft weitgehend unsicher ist. Die Herausforderung für eine Stadt besteht darin, sich selbst als ein funktionierendes System zu planen, das Schocks verkraften und sich schnell und effizient neuen Entwicklungen und Möglichkeiten anpassen kann. Das Ziel ist, Pläne und Aktionen zu entwickeln, die die Zielsetzungen und Ressourcen einer Stadt mit den sich wandelnden Möglichkeiten in Einklang bringen. Anhand des strategischen Planungsprozesses entscheidet eine Stadt, welche Industrien, Dienstleistungen und Märkte gefördert werden sollen, welche aufrechterhalten und welche an Bedeutung verlieren oder gar aufgegeben werden sollen (vgl. KOTLER, HAIDER, REIN 1998, S. 109).

6. Stadtmarketing am Beispiel Bad Kreuznach

6.1 Stärken der Stadt Bad Kreuznach

Die Stadt Bad Kreuznach in Rheinland-Pfalz blickt auf eine mehr als 700jährige Stadtgeschichte zurück, historische und moderne Gebäude prägen das Bild der Straßen und Plätze. Interessante Anziehungspunkte sind z.B. die Steinskulpturen eines Bildhauersymposiums, welche unter freiem Himmel stehen, Brunnen und Plätze, aber auch die moderne Kauzenburg auf den Fundamenten des historischen Schlosses. Die Nahe, der Ellerbach und die großzügigen Parkanlagen zeichnen Bad Kreuznach in besonderem Maße aus. Der Erlebniswert in dieser Flusslandschaft ist daher besonders hoch.

Die Neustadt mit der Uferpartie am Ellerbach konnte auch nach der Sanierung ihren ursprünglichen Charakter durch eine gelungene Mischung aus alter und neuer Bausubstanz bewahren. Sehenswert ist auch der Kurbereich Bad Kreuznachs mit seiner Bäderarchitektur. Baulich sehr wertvolle Gebäude vermitteln auf beeindruckende Weise Stadtgeschichte. Die mehr als 150 Jahre alte Platanenallee in der Kurhausstraße stellt die markante Verbindungslinie zwischen Kurviertel und Innenstadt dar. Das Salinental mit seiner großartigen Naturlandschaft wird durch die sieben Gradierwerke von insgesamt 1.100 Metern Länge zum größten europäischen Freiluftinhalatorium (vgl. STADTVERWALTUNG BAD KREUZNACH 2004, o.S.).

6.2 Ziele der Stadt Bad Kreuznach

Die Aufenthaltsqualität der Innenstadt als Treffpunkt soll weiter verbessert werden. Der hohe architektonische Standard des Kur- und Badebereiches wird zum Maßstab für die ganze Stadt. Positives wird weiterentwickelt und gestärkt, Schwachstellen werden beseitigt.

Der Aufbau eines integrierten Verkehrskonzeptes mit der Vernetzung aller Verkehrsarten erhält Priorität. Damit werden die Wünsche der Menschen nach mehr Mobilität in Bad Kreuznach und den Umlandgemeinden erfüllt.

Bad Kreuznach wird als Standort mit hoher Wohnqualität und einer breiten Angebotsvielfalt von Wohnformen und Freizeiteinrichtungen weiter entwickelt. Dabei werden die Ziele der gesunden sozialen Mischung, des freundschaftlichen Zusammenlebens der Generationen und der Nationalitäten verfolgt.

Einen hohen Stellenwert in Bad Kreuznach hat auch der Schutz der Umwelt. Das Image des Heilbades, in dem Gesundheit und Erholung von einer intakten Umwelt bestimmt werden, wird verbessert.

Gesundheit und Tourismus sind wichtige Wirtschaftsfaktoren und besitzen einen hohen Stellenwert für die Zukunft Bad Kreuznachs.

Es wird ein vielfältiges und entwicklungsfähiges Kulturangebot gewährleistet. Es geht dabei sowohl um die Bedürfnisse der Einwohner, als auch um die der Gäste.

Auch wird die Stadt als zentrale Einkaufsstadt in der Region weiterentwickelt. Die Zusammenarbeit zwischen den Anliegern der Innenstadt geschieht reibungslos und im Dienst für den Kunden.

Bad Kreuznach setzt auf eine gesunde und breit gefächerte Wirtschaftsstruktur, die den Bürgerinnen und Bürgern sichere Arbeitsplätze bietet. Neben einer intensiven Bestandspflege und Entwicklung wird auch die Ansiedlung neuer Unternehmen mit Zukunftsperspektive gefördert. Dadurch sind neue Impulse zur Strukturverbesserung möglich. Neue Nutzungen müssen die Stärken Bad Kreuznachs betonen. Auf diese Weise wird die Funktion der Stadt als wirtschaftlicher Motor der Region weiter gestärkt (vgl. STADTVERWALTUNG BAD KREUZNACH 2004, o.S.).

6.3 Die Umsetzung

6.3.1 Architektonische Gestaltung

Das Ziel Bad Kreuznachs ist es, eine städtebauliche Unverwechselbarkeit und einen hohen Wiedererkennungswert zu erreichen, d.h. wichtige Bauten sollen erhalten bleiben, gepflegt und aufgewertet sowie stadtbildprägende Besonderheiten weiter entwickelt werden.

Die Innenstadt soll sich durch eine Mischung der Funktionen Wohnen, Einkaufen, Erleben und Arbeiten auszeichnen.

Im Vordergrund der Gestaltungsplanung steht die Fußgängerzone mit ihren Plätzen. Die Plätze sind beliebter Treffpunkt und sollen es in Zukunft auch bleiben. Der weitere Ausbau der Fußgängerzone und das Eingrenzen des Autoverkehrs behalten Priorität, z.B. sollen auch die Eingangsbereiche zur Fußgängerzone neu gestaltet werden. Mieter und Eigentümer leisten ihren Beitrag durch die Verschönerung der Fassaden und die ansprechende Gestaltung der Werbeanlagen und Schaufenster.
Die Aufenthaltsqualität in der Innenstadt wird verbessert. Betont werden sollen nicht nur die Funktionen ‚Besorgen' und ‚Erledigen', sondern auch ‚Verweilen' und ‚Erleben'. Straßengastronomie und publikumsstarke Veranstaltungen helfen die Aufenthaltsdauer in der Innenstadt zu verlängern.

Die Freiflächen sollen einladender werden. Zu diesem Zweck werden Begrünung, Beleuchtung und Möblierung verbessert. Ebenso wichtig sind Vorhaben wie die zeitgemäße und zweckmäßige Ausstattung der Spielbereiche sowie die Erhöhung der Sauberkeit in der Stadt (vgl. STADTVERWALTUNG BAD KREUZNACH 2004, o.S.).

6.3.2 Integrale, vernetzte Verkehrskonzepte

Bad Kreuznach ist durch die Anbindung an das überregionale Fernstraßennetz und an das Schienennetz gut erreichbar. In der jüngsten Vergangenheit entstand eine große Zahl neuer Parkmöglichkeiten in zentraler Lage. Konkrete Planungen zur weiteren Aufstockung liegen vor. Das Radwegenetz wird ständig ausgeweitet. Das qualitativ hochwertige Nahverkehrskonzept setzt Standards für alle weiteren Nahverkehrspläne.

Ein weiteres Ziel Bad Kreuznachs ist es ein integriertes Verkehrskonzept aufzubauen, das alle Verkehrsarten miteinander vernetzt und damit die Wünsche der Menschen nach mehr Mobilität in Bad Kreuznach und den Umlandgemeinden erfüllt.

Die Innenstadt muss für den Individualverkehr offen gehalten werden. Die Erreichbarkeit der Stadtmitte sowie die dortige Verkehrsführung werden weiter verbessert. Die Suche nach Parkplätzen und die hierdurch verursachten Belastungen der Innenstadtstraßen sollen auf ein Minimum reduziert werden. Dies erreicht man durch die Begrenzung auf wenige Parkhäuser, große Parkplätze und ein leistungsfähiges Parkleitsystem. Die Bewirtschaftung des Parkraums hat vor allem einen steuernden Effekt, der die Umwelt entlastet und die Erreichbarkeit der Innenstadt sichert.

Der Bad Kreuznacher Bahnhof soll in Zukunft Verkehrsknotenpunkt sein. Dort werden Individualverkehr, Öffentlicher Personennahverkehr (ÖPNV) und Bahn miteinander verbunden. Vorrang haben die schnellen Städteverbindungen und die Anpassung der Fahrzeiten von Stadtbus, Regionalbus und Eisenbahn.

Über den bedarfsgerechten Ausbau des ÖPNV werden Anreize geschaffen, auf umweltfreundliche Verkehrsmittel umzusteigen. Dazu gehört insbesondere die Verbesserung der Angebote am Wochenende und am Abend. Auf der Grundlage des Nahverkehrsplanes wird auf ein flächendeckendes Netz mit Bushaltestellen und möglichst kurzen Taktzeiten hin gearbeitet.

Bad Kreuznach profiliert sich als Stadt der kurzen Wege und berücksichtigt bei den Planungen vor allem Fußgänger und Radfahrer. Der Ausbau der Rad- und Fußgängerwege innerhalb und zwischen Stadtteilen und Kurgebiet hin zu einem vollständigen Netzwerk genießt daher einen hohen Stellenwert. Die Fußwege werden im Hinblick auf die Bedürfnisse von Rollstuhlfahrern, Eltern mit Kinderwagen und gehbehinderten Menschen weiter verbessert.

Wer Bad Kreuznach besucht, soll sich schon an den Ortseingängen problemlos orientieren können. Ein leicht verständliches Leitsystem führt den Gast möglichst schnell zum gewünschten Ziel, z.B. durch die Errichtung von Informationspunkten an den Ortseingängen und anderen geeigneten Stellen, durch eine einheitliche Ausschilderung der Gewerbegebiete und durch die Installation eines Verkehrs- und Besucherleitsystems (vgl. STADTVERWALTUNG BAD KREUZNACH 2004, o.S.).

6.3.3 Verbesserung der Wohnqualität

Die gute Verkehrsanbindung zu allen Zielpunkten innerhalb des Rhein-Main-Gebietes, die reizvolle Umgebung mit vielfältigen Erholungs- und Freizeitmöglichkeiten, das Vorhandensein aller Schultypen und eine umfassende städtische Infrastruktur sind Standortfaktoren, die für Bad Kreuznach als Wohnort sprechen.

Das breite Spektrum an Wohnmöglichkeiten bietet jungen und alten Menschen, Singles und Familien ein vielseitiges Wohnangebot zwischen Appartement und Villa im Grünen.

Die Stadt besitzt durch die Umwandlung bislang militärisch genutzter Flächen (Konversion) eine einzigartige Chance der Stadtentwicklung.

Bad Kreuznach muss als Standort mit hoher Wohnqualität und einer breiten Angebotsvielfalt weiter entwickelt werden. Dabei geht es um eine soziale Mischung, die der Verträglichkeit und dem freundschaftlichen Zusammenleben zwischen Generationen und Nationalitäten dienlich ist. Die Bedürfnisse von Kindern, Senioren, Menschen mit Beeinträchtigungen und Menschen von unterschiedlicher Herkunft werden in ihrer Eigenständigkeit respektiert; Trennendes soll überwunden werden.

Bad Kreuznach sollte die Chance nutzen, seine Attraktivität als Wohnstandort nicht nur in der Nahe-Region, sondern auch im Rhein-Main-Gebiet und angrenzenden Bezirken bekannt zu machen.

Das hohe Niveau des Wohnstandortes bleibt die wichtigste Voraussetzung dafür, dass sich die Bürger in der Stadt wohl fühlen und neue Mitbürger gewonnen werden. In den vergangenen 10 Jahren wurden in großer Zahl neue Wohneinheiten im Geschoss-Wohnungsbau geschaffen. Nachholbedarf besteht indessen noch für bezahlbare Angebote im Eigenheimbau.

Der Rahmenplan Konversion ermöglicht Entwicklungstendenzen zur "sozialen Stadt". Neben einer sozialen Infrastruktur werden Wohnformen benötigt, die den Bedürfnissen von Alleinerziehenden, kinderreichen Familien und älteren Menschen entsprechen. Neue Wohngebiete werden flächensparend und soweit möglich nach den neuesten Erkenntnissen des ökologischen Bauens errichtet. Grünflächen, Treffpunkte und Spielplätze als Orte der Begegnung werden zum einen erhalten bzw. weiter ausgebaut, auch um die Nachbarschaftsbindung gezielt zu fördern.

Die vorhandenen Wohnquartiere werden bei Bedarf in die Planung zur Sanierung und Renovierung mit aufgenommen. Dabei ist vor allem auf eine Durchgrünung der Wohnquartiere, auf kindergerechte Ausstattung mit Spielplätzen und auf einen Straßenausbau zu achten, der den Vorstellungen der Bewohner entspricht. Wichtiger als die Ausweisung neuer Wohngebiete soll allerdings eine ergänzende Bebauung in schon bestehenden Wohnquartieren sein.

Wo Bedarf besteht, soll auch der soziale Wohnungsbau weitergeführt werden, vor allem kinderreiche Familien mit unterdurchschnittlichem Haushaltseinkommen müssen davon profitieren (vgl. STADTVERWALTUNG BAD KREUZNACH 2004, o.S.).

6.3.4 Förderung der Wirtschaft und der Unternehmen

In Bad Kreuznach besteht eine Wirtschaftsstruktur mit den Schwerpunkten produzierendes Gewerbe, Handel und Dienstleistung, Gesundheit und Tourismus. Zudem existiert eine vorteilhafte Mischung aus Klein-, Mittel- und Großbetrieben. Harte Standortfaktoren sind die gute Verkehrsanbindung, die innere Erschließung und ein Angebot von zahlreichen motivierten Arbeitskräften in der Region.

Weiche Standortfaktoren sind der hohe Wohnwert, vielfältige Naherholungs-möglichkeiten sowie das kulturelle und sportliche Angebot.

Ein weiteres Ziel der Stadt Bad Kreuznach ist eine gesunde und breit gefächerte Wirtschaftsstruktur, die den Bürgerinnen und Bürgern sichere Arbeitsplätze bietet. Neben einer intensiven Bestandspflege und Entwicklung wird auch auf die Ansiedlung neuer Unternehmen mit Zukunftsperspektiven gesetzt. Durch die Konversion sind neue Impulse zur Strukturverbesserung möglich. Neue Nutzungen müssen die Stärken der Stadt betonen. Auf diese Weise wird die Funktion der Stadt Bad Kreuznach als wirtschaftlicher Motor der Region weiter gestärkt.

Bad Kreuznach strebt eine ausgewogene und vielschichtige Wirtschaftsstruktur an, die ein umfangreiches Arbeitsplatzangebot sichert und im Einklang mit den touristischen Zielen steht. Durch unbürokratische Hilfe der Stadtverwaltung werden sich die hohe Investitionsbereitschaft und die Zufriedenheit mit dem Standort erhöhen.

Offensiv bemüht sich Bad Kreuznach um die Ansiedlung von Betrieben, die Zukunftsmärkte erschließen und neue Arbeits- und Ausbildungsplätze schaffen. Soweit möglich, wird die Wirtschaftsförderung hierzu die Rahmenbedingungen schaffen.

Sowohl Betriebe, als auch Arbeits- und Ausbildungssuchende werden dabei unterstützt, den richtigen Auszubildenden oder die richtigen Arbeitnehmer und Arbeitgeber zu finden. Bad Kreuznachs Potential als Schul- und Ausbildungsstadt soll auch zur Einrichtung eines Netzwerks zur Aus- und Weiterbildung unter Beteiligung aller derjenigen, die davon profitieren, genutzt werden (vgl. STADTVERWALTUNG BAD KREUZNACH 2004, o.S.).

7. Fazit und Ausblick

Städte müssen eine präzise Vorstellung darüber entwickeln, welche Funktionen sie ausüben und welche Rolle sie in der lokalen, nationalen und globalen Wirtschaft spielen wollen (vgl. KOTLER, HAIDER, REIN 1998, S.375). Stadtmarketing ist eine der vorrangigen Voraussetzungen, um in der heutigen Zeit wettbewerbsfähig zu bleiben. Stadtmarketing ist ein kontinuierlicher Prozess, dieser muss sich ständig an die sich ändernden ökonomischen Bedingungen und Chancen anpassen.

Die Aufgabe, Stadtmarketing auf aktuelle und potentielle Bereiche abzustimmen, ist eine ständig neue Herausforderung, wenn sich z.B. neue Branchen bilden, neue Technologien auftauchen, Firmen expandieren, alte Betriebe schrumpfen, fusionieren oder konsolidieren. (vgl. KOTLER, HAIDER, REIN 1998, S. 412 f.).
Alle Städte sind heute in Schwierigkeiten oder werden es bald sein. Die Globalisierung der Wirtschaft und das immer schnellere Tempo der technologischen Veränderungen sind zwei Kräfte, die von allen Städten Wettbewerbsfähigkeiten verlangen.
(vgl. KOTLER, HAIDER, REIN 1998, S. 413).

Die Aufgabe des Stadtmarketing ist es, Städte darin zu bestärken, sich Veränderungen anzupassen. Am Beispiel Bad Kreuznach wurde ein solches Stadtmarketingkonzept vorgestellt. Bad Kreuznach setzt auf eine Mischung aus Image-, Attraktions- und Infrastrukturmarketing sowie auf Werbung für die einheimische Bevölkerung.

Literaturverzeichnis

1. AREND, M./ WOLF,A. (1994): Stadtmarketing. Grundlagen, Darstellung und Entwicklung eines Stadtmarketingkonzeptes am Beispiel Isar-Oberstein, Trier.

2. GRABOW, B./ HOLLBACH-GRÖMIG; B. (1998): Stadtmarketing – eine kritische Zwischenbilanz, Berlin, in: HEINEBERG, H. (2001): Stadtgeographie. (Uni-Taschenbücher 2166). 2. Aufl., Paderborn, München, Wien, Zürich.

3. KOTLER, P./ HAIDER, D./ REIN, I. (1998): Standort-Marketing. Wie Städte, Regionen und Länder gezielt Investitionen, Industrien und Tourismus anziehen. Düsseldorf, Wien, New York, Moskau.

4. STADTVERWALTUNG BAD KREUZNACH (2004): Bad Kreuznach – Stadtleitbild. Eine realistische Vision, Bad Kreuznach 2010. www.stadt-bad-kreuznach.de (Stand: 10.03.2004)

Abb. 1: Die Ebenen des Standortmarketing

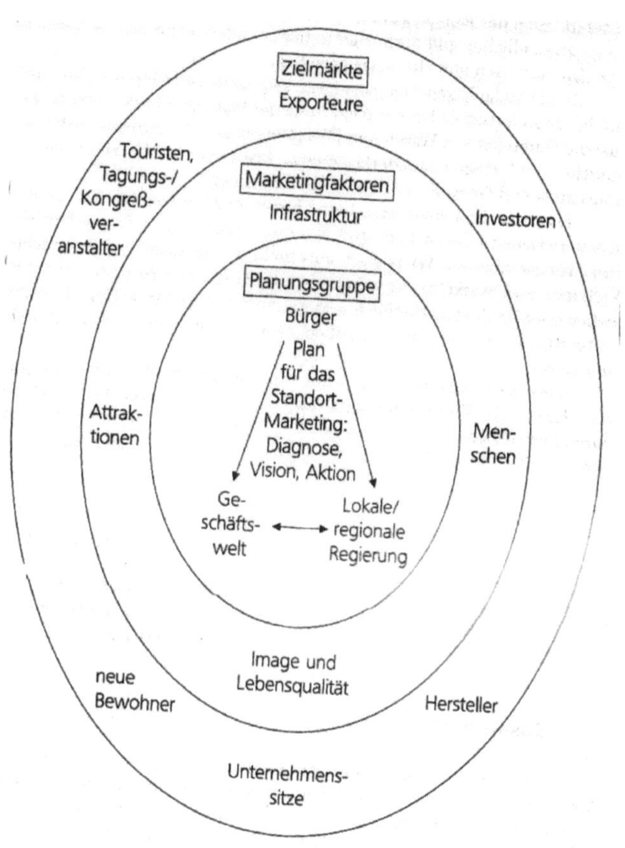

(KOTLER/ HAIDER/ REIN 1998, S. 35)

<u>Abb.2: Die vier wichtigsten Zielmärkte</u>

Die vier wichtigsten Zielmärkte

1. Besucher
    a. Geschäftsbesuche (Tagungen, Konferenzen, Betriebsbesichtigungen,
       Einkauf und Verkauf)
    b. Privatbesuche (Tourismus)

2. Bewohner und Arbeitnehmer
    a. Spezialisten (Wissenschaftler, Ärzte usw.)
    b. qualifizierte Arbeiter und Angestellte
    c. höhere Einkommensklassen
    d. Investoren
    e. Unternehmer
    f. ungelernte Arbeiter (Einheimische, Gastarbeiter usw.)

3. Industrie und Wirtschaft
    a. Schwerindustrie
    b. »saubere« Industrie (Montage, High-Tech, Dienstleistungsunterneh-
       men usw.)
    c. Unternehmer

4. Exportmärkte
    a. Inlandsmarkt außerhalb des Standortes
    b. internationale Märkte

ECON
GRAFIK

(KOTLER/ HAIDER/ REIN 1998, S. 42)

Abb.3: wichtige Akteure im Standort-Marketing

Wichtige Akteure im Standort-Marketing
LOKALE AKTEURE

Im öffentlichen Sektor:
1. Bürgermeister und/oder Stadtverwaltung
2. Stadtplanung
3. Referat für Wirtschaftsförderung
4. Fremdenverkehrsamt
5. Kongreßveranstalter
6. Öffentliche Information
7. Infrastruktur-Verwaltung (Transport, Ausbildung, sanitäre Anlagen)

Im privaten Sektor:
1. Immobilienmakler und Immobilienfirmen
2. Finanzinstitute (Geschäftsbanken, Hypothekenbanken, Pensionskassen)
3. Elektrizitäts- und Gaswerke
4. Handelskammer und andere ansässige Wirtschaftsorganisationen
5. Gastronomie und Einzelhandel (Hotels, Restaurants, Kaufhäuser, Geschäfte)
6. Reiseveranstalter
7. Gewerkschaften
8. Taxiunternehmen
9. Architekten

Regionale Akteure
1. Regionale Wirtschaftsförderungsgesellschaften
2. Regionale Touristenverbände
3. Regierungsbeamte auf Bezirks-/Bundesstaatsebene

Nationale Akteure
1. Politiker
2. Verschiedene Ministerien
3. Gewerkschaften

Internationale Akteure
1. Konsulate und Botschaften
2. Internationale Handelskammern

(KOTLER/ HAIDER/ REIN 1998, S. 42)